¿Qué es Kumon?

Kumon es la empresa líder mundial en educación suplem... ...a y un líder en la obtención de resultados académicos sobresalientes. Los programas extracurriculares de matemáticas y lectura proporcionados en los centros Kumon alrededor del mundo han contribuido al éxito académico de los (las) niños(as) por más de 50 años.

Los cuadernos de ejercicios de Kumon representan tan sólo una parte de nuestro currículo completo, que incluye materiales desde nivel preescolar hasta nivel universitario, y se enseña en nuestros Centros Kumon bajo la supervisión de nuestros(as) instructores(as) capacitados(as).

El método Kumon permite que cada niño(a) avance exitosamente mediante la práctica hasta dominar los conceptos progresando gradualmente. Los (las) instructores(as) cuidadosamente asignan tareas a sus alumnos(as) y supervisan su progreso de acuerdo a las destrezas o necesidades individuales.

Los (Las) estudiantes asisten usualmente a un centro Kumon dos veces por semana y se les asignan tareas para que practiquen en casa los restantes cinco días. Las tareas requieren aproximadamente de veinte minutos.

Kumon ayuda a estudiantes de todas las edades y con diferentes aptitudes a dominar los fundamentos básicos de una asignatura, mejorar sus hábitos de estudio y la concentración y adquirir mayor confianza.

¿Cómo comenzó Kumon?

HACE 50 AÑOS, EN JAPÓN, Toru Kumon, un padre y maestro, encontró la forma de ayudar a su hijo Takeshi a mejorar su rendimiento académico. Siguiendo los consejos de su esposa, Kumon desarrolló una serie de ejercicios cortos que su hijo podría completar exitosamente en menos de veinte minutos diarios, los cuales ayudaron poco a poco a que la matemática le resultara más fácil. Ya que cada ejercicio era ligeramente más complicado que el anterior, Takeshi pudo adquirir el dominio necesario de las destrezas matemáticas mientras aumentaba su confianza para seguir avanzando.

El hijo de Kumon tuvo tanto éxito con este método único y autodidacta, que Takeshi pudo realizar operaciones matemáticas de cálculo diferencial e integral en sexto grado. El Sr. Kumon, conociendo el valor de una buena comprensión lectora, desarrolló un programa de lectura utilizando el mismo método. Estos programas constituyen la base y la inspiración que los centros Kumon ofrecen en la actualidad bajo la guía experta de instructores(as) profesionales del método Kumon.

Sr. Toru Kumon
Fundador de Kumon

¿Cómo puede ayudar Kumon a mi hijo(a)?

Kumon está diseñado para niños(as) de todas las edades y aptitudes. Kumon ofrece un programa efectivo que desarrolla las destrezas y aptitudes más importantes, de acuerdo a las fortalezas y necesidades de cada niño(a), ya sea que usted quiera que su hijo(a) mejore su rendimiento académico, que tenga una base sólida de conocimientos, o resolver algún problema de aprendizaje, Kumon le ofrece un programa educativo efectivo para desarrollar las principales destrezas y aptitudes de aprendizaje, tomando en cuenta las fortalezas y necesidades individuales de cada niño(a).

¿Qué hace que Kumon sea tan diferente?

Kumon está diseñado para facilitar la adquisición de hábitos y destrezas de aprendizaje para mejorar el rendimiento académico de los (las) niños(as). Es por esto que Kumon no utiliza un enfoque de educación tradicional ni de tutoría. Este enfoque hace que el (la) niño(a) tenga éxito por sí mismo, lo cual aumenta su autoestima. Cada niño(a) avanza de acuerdo a su capacidad e iniciativa para alcanzar su máximo potencial, ya sea que usted utilice nuestro método y programa como un medio correctivo o para enriquecer los conocimientos académicos de su hijo(a).

¿Cuál es el rol del (de la) instructor(a) de Kumon?

Los (Las) instructores(as) de Kumon se consideran mentores(as) y tutores(as), y no profesores(as) en un sentido clásico. Su rol principal es el de proporcionar al (a la) estudiante el apoyo y la dirección que lo (la) guiará a desempeñarse al 100% de su capacidad. Además de su entrenamiento riguroso en el método Kumon, todos los (las) instructores(as) Kumon comparten la misma pasión por la educación y el deseo de ayudar a los (las) niños(as) a alcanzar el éxito.

KUMON FOMENTA:

- El dominio de las destrezas básicas de las matemáticas y de la lectura.
- Una mejora en el nivel de concentración y los hábitos de estudio.
- Un aumento de la confianza y la disciplina del (de la) alumno(a).
- El alto nivel de calidad y profesionalismo en todos nuestros materiales.
- El desempeño del máximo potencial de cada uno(a) de nuestros(as) alumnos(as).
- Un sentimiento agradable de logro.

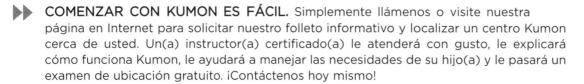

▶▶ **COMENZAR CON KUMON ES FÁCIL.** Simplemente llámenos o visite nuestra página en Internet para solicitar nuestro folleto informativo y localizar un centro Kumon cerca de usted. Un(a) instructor(a) certificado(a) le atenderá con gusto, le explicará cómo funciona Kumon, le ayudará a manejar las necesidades de su hijo(a) y le pasará un examen de ubicación gratuito. ¡Contáctenos hoy mismo!

USA o Canada	800-ABC-MATH (English only)	www.kumon.com
Argentina	54-11-4779-1114	www.kumonla.com
Colombia	57-1-635-6212	www.kumonla.com
Chile	56-2-207-2090	www.kumonla.com
España	34-902-190-275	www.kumon.es
Mexico	01-800-024-7208	www.kumon.com.mx

Rompecabezas de números
1 al 5
Mariposa

A los padres
Escriba el nombre su hijo(a) y la fecha en los cuadros de arriba. Enséñele el orden de los números del 1 al 5. Puede ser que las líneas que su hijo(a) dibuje no sean constantes al principio, pero van a mejorar con la práctica. Felicite a su hijo(a) por su esfuerzo.

■ Dibuja una línea del 1 al 5 en orden mientras repites cada número en voz alta.

Limón

■Dibuja una línea del I al 5 en orden mientras repites cada número en voz alta.

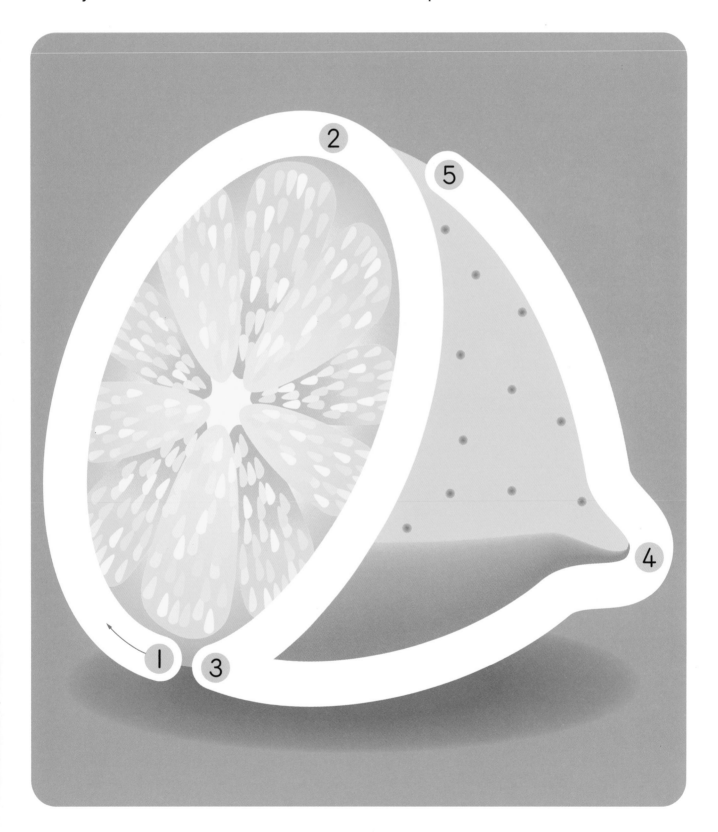

2 Contando del 1 al 10

Nombre

Fecha

A los padres
Si es difícil para el (la) niño(a) trazar una línea del 1 al 10 de una sola vez, permita que haga una pausa en cada concha.

■ Dibuja una línea del 1(●) al 10(★) en orden mientras repites cada número en voz alta.

Si es necesario, descansa en cada concha.

■Dibuja una línea del 1 al 10 en orden mientras repites cada número en voz alta.

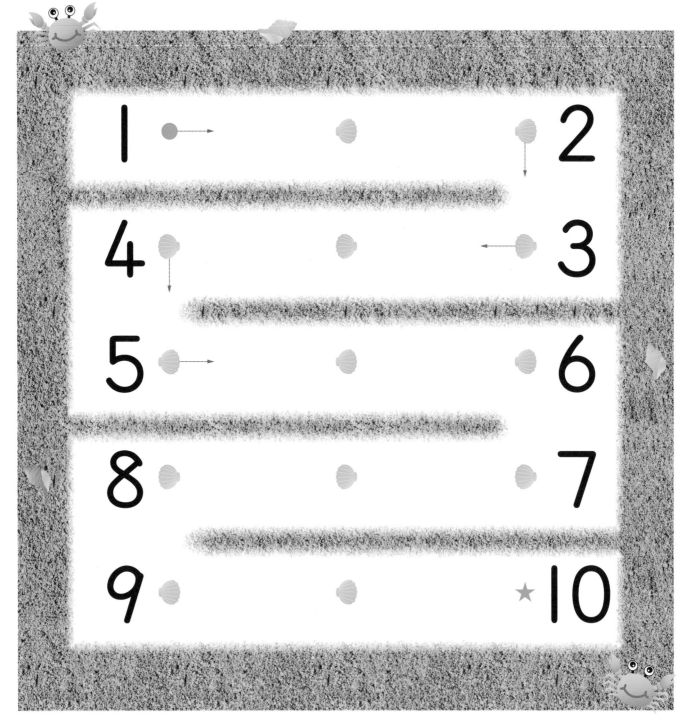

Rompecabezas de números
I al I0
Gato

■ Dibuja una línea del I al I0 en orden mientras repites cada número en voz alta.

Perro

■ Dibuja una línea del 1(●) al 10(★) en orden mientras repites
cada número en voz alta.

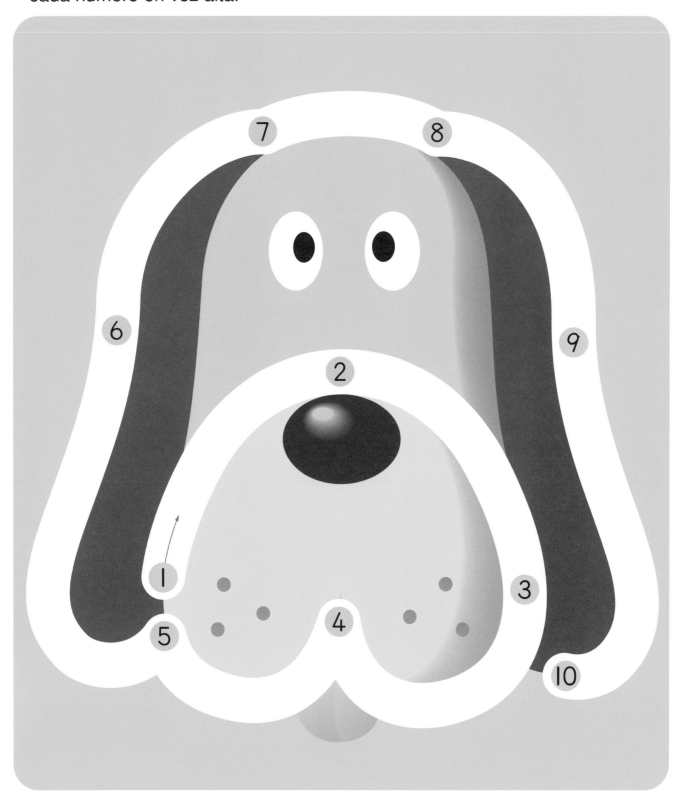

Rompecabezas de números
1 al 10
En el mar

4

Nombre	
Fecha	

A los padres

Pida a su hijo(a) que conecte los puntos del 1 al 10. Esta actividad ayudará al (a la) niño(a) a aprender el orden de los números. Si no sabe cómo hacer esta actividad, alésnale el número 1 para mostrarle dónde comenzar.

■ Dibuja una línea del 1(●) al 10(★) en orden mientras repites cada número en voz alta.

Un día agradable para pescar

■ Dibuja una línea del I(●) al I0(★) en orden mientras repites cada número en voz alta.

Contando del 1 al 10

A los padres
Asegúrese que su hijo(a) entienda el orden de los números. Puede ayudarlo(a) pidiéndole que trace primero con su dedo y luego con una línea.

■ Dibuja una línea del 1 al 10 en orden mientras repites cada número en voz alta.

■Dibuja una línea del 1 al 10 en orden mientras repites cada número en voz alta.

Escribiendo los números
I y 2

Nombre

Fecha

A los padres

Pida a su hijo(a) que diga los números en voz alta. Aunque el camino del trazo en esta página es bastante amplio, puede ser difícil para el (la) niño(a) dibujar líneas rectas. Es importante que practique contando en actividades diarias. Busque oportunidades para que se divierta con los números.

■ Escribe el número I y dilo en voz alta.

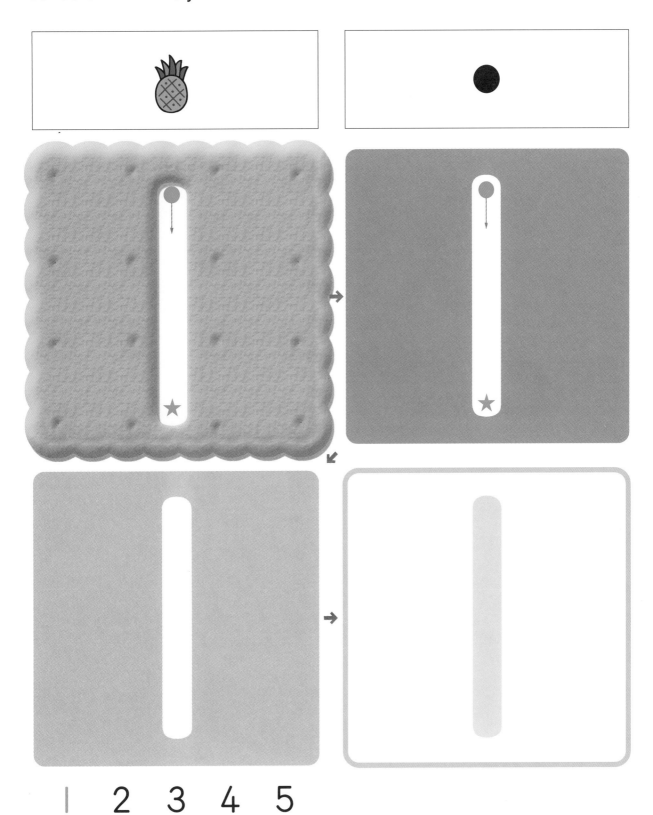

I   2   3   4   5

■ Escribe el número 2 y dilo en voz alta.

1 2 3 4 5

■ Escribe el número 3 y dilo en voz alta.

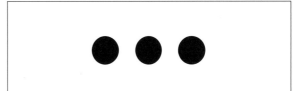

1   2   3   4   5

A los padres

En primer lugar, demuestre cómo escribir el número 4, que está escrito en dos trazos. Guíe la mano del (de la) niño(a) si es necesario, y a continuación, pídale que empiece a escribir a partir del ①.

■ Escribe el número 4 y dilo en voz alta.

1 2 3 4 5

Escribiendo los números
5 y 6

Nombre

Fecha

A los padres

En primer lugar, demuestre cómo escribir el número 5, que está escrito en dos trazos. Guíe la mano del (de la) niño(a) si es necesario, y a continuación, pídale que empiece a escribir a partir del ①.

■ Escribe el número 5 y dilo en voz alta.

1 2 3 4 5

■ Escribe el número 6 y dilo en voz alta.

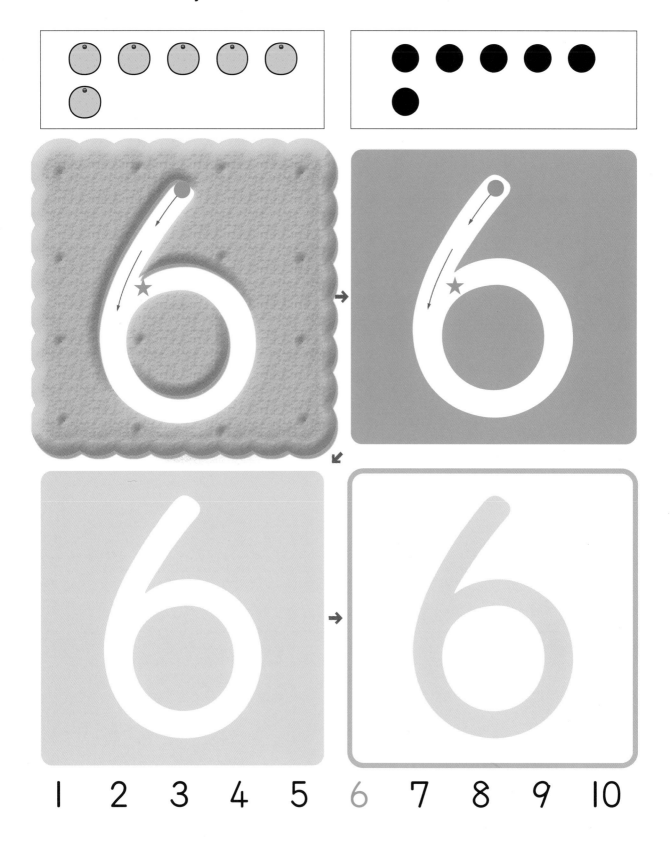

1   2   3   4   5   6   7   8   9   10

9 Escribiendo los números
7 y 8

Nombre

Fecha

■ Escribe el número 7 y dilo en voz alta.

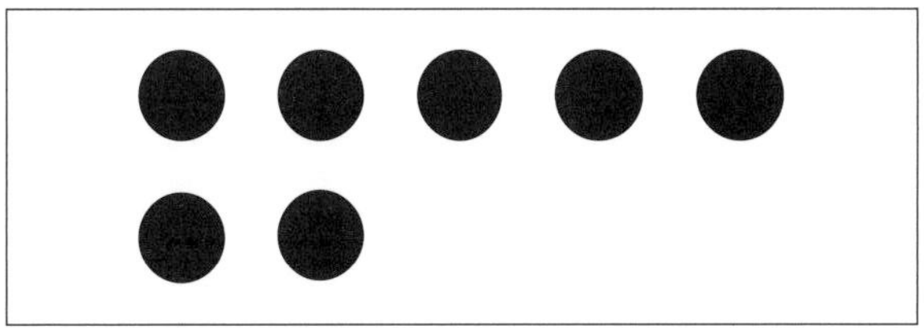

1 2 3 4 5 6 7 8 9 10

■ Escribe el número 8 y dilo en voz alta.

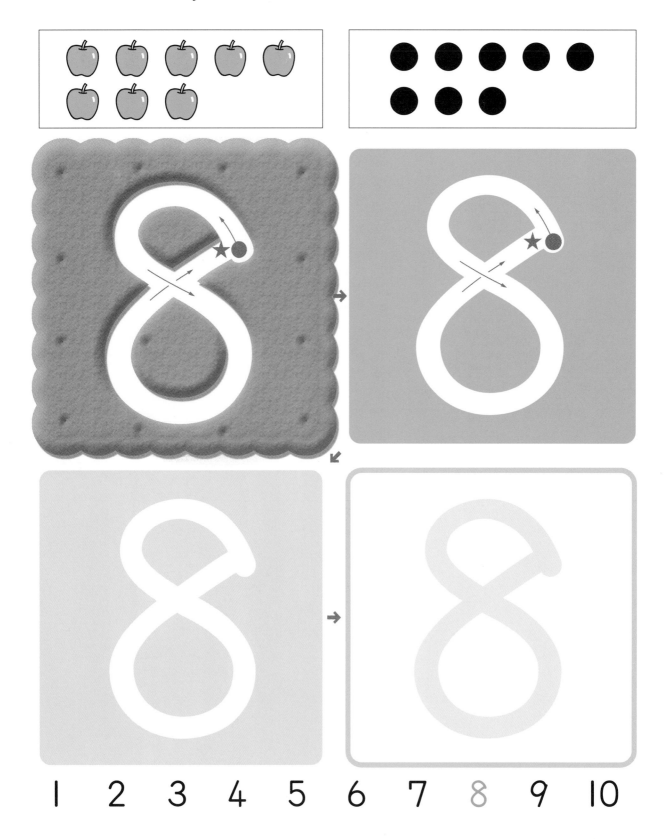

1 2 3 4 5 6 7 8 9 10

10 Escribiendo los números 9 y 10

Nombre
Fecha

■ Escribe el número 9 y dilo en voz alta.

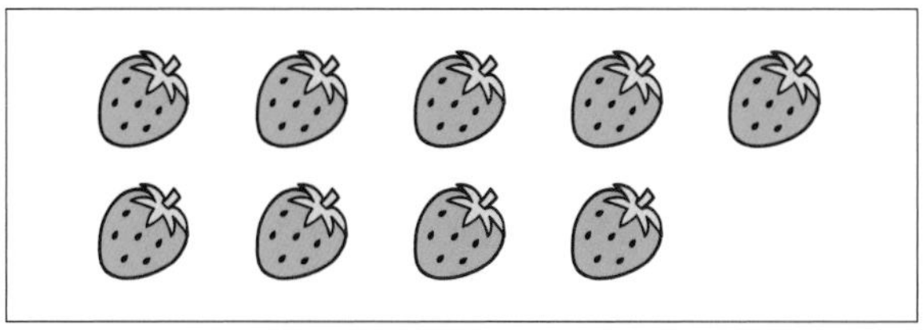

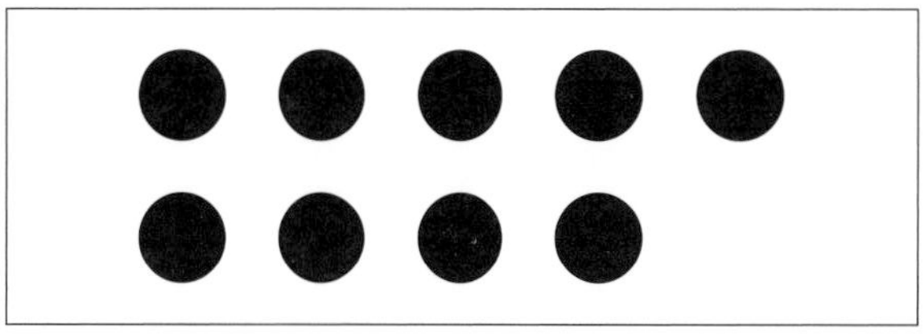

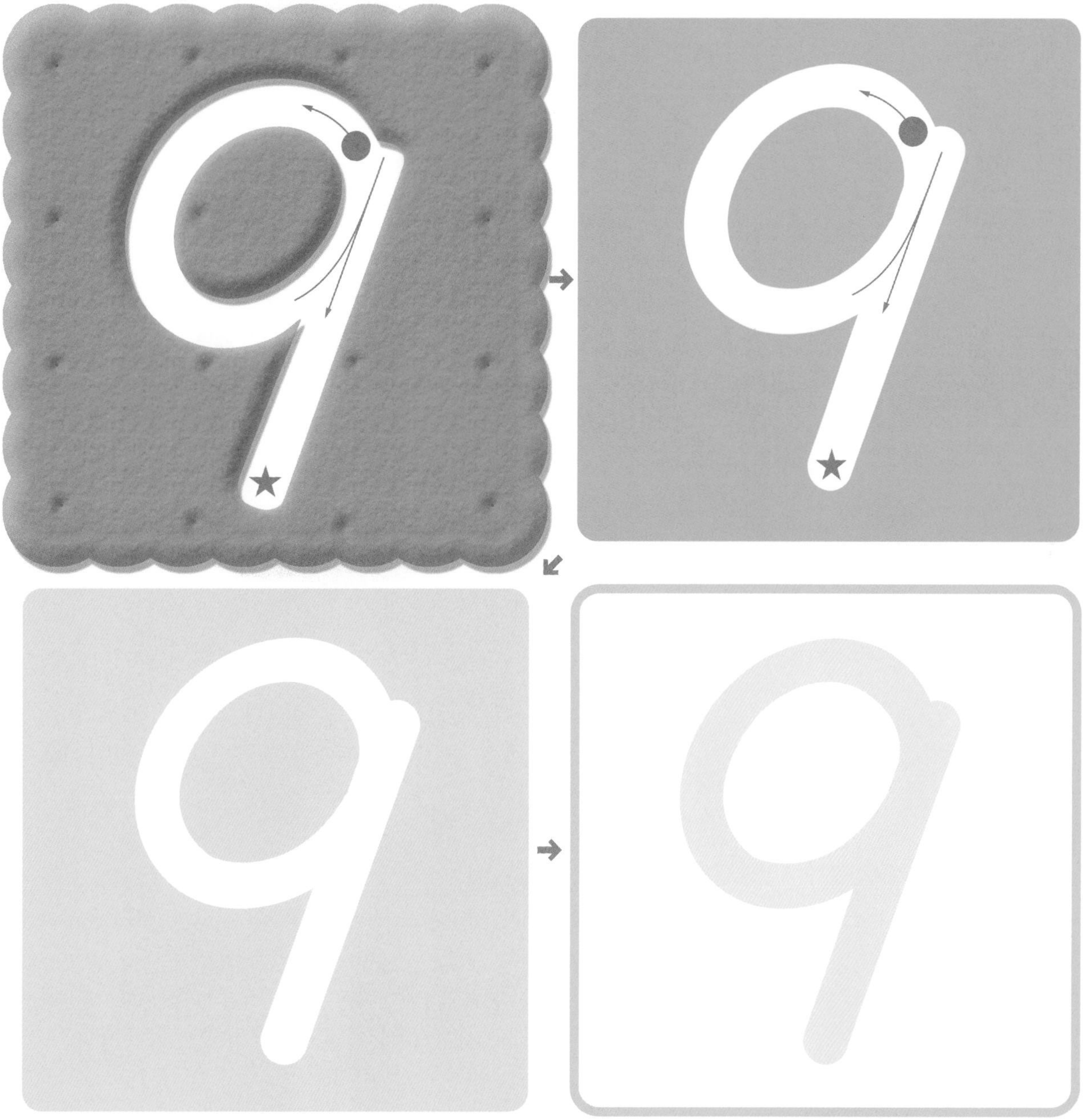

1 2 3 4 5 6 7 8 9 10

■ Escribe el número 10 y dilo en voz alta.

Escribiendo los números del 1 al 4

Nombre

Fecha

A los padres
Pida a su hijo(a) que escriba los números. Verifique que tengan un tamaño adecuado.

■ Escribe los números y dilos en voz alta.

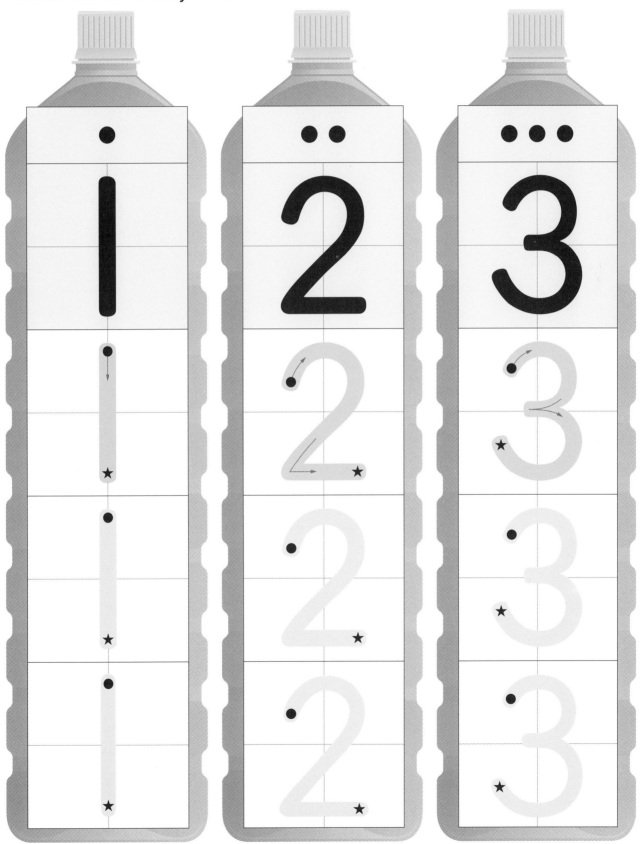

■ Escribe los números y dilos en voz alta.

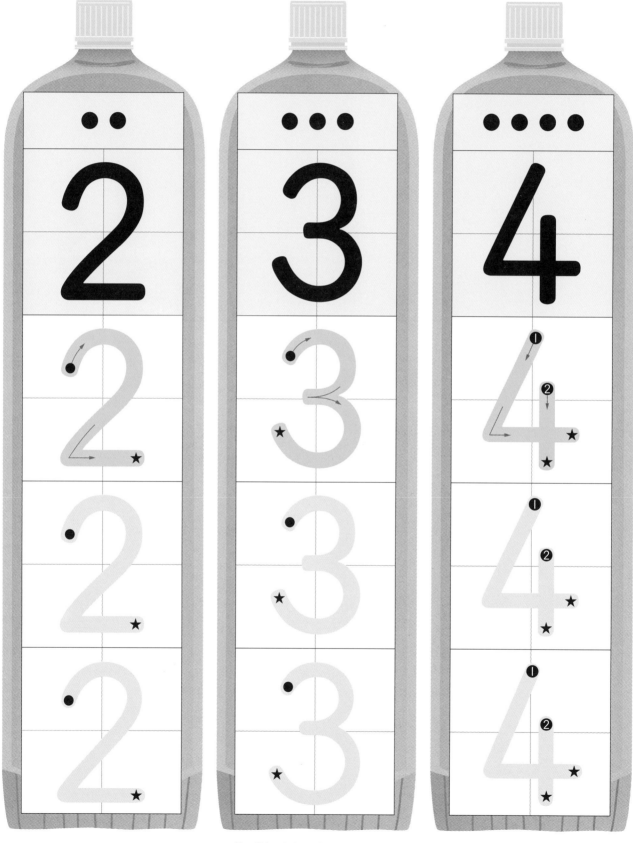

Escribiendo los números del 3 al 6

Nombre

Fecha

■ Escribe los números y dilos en voz alta.

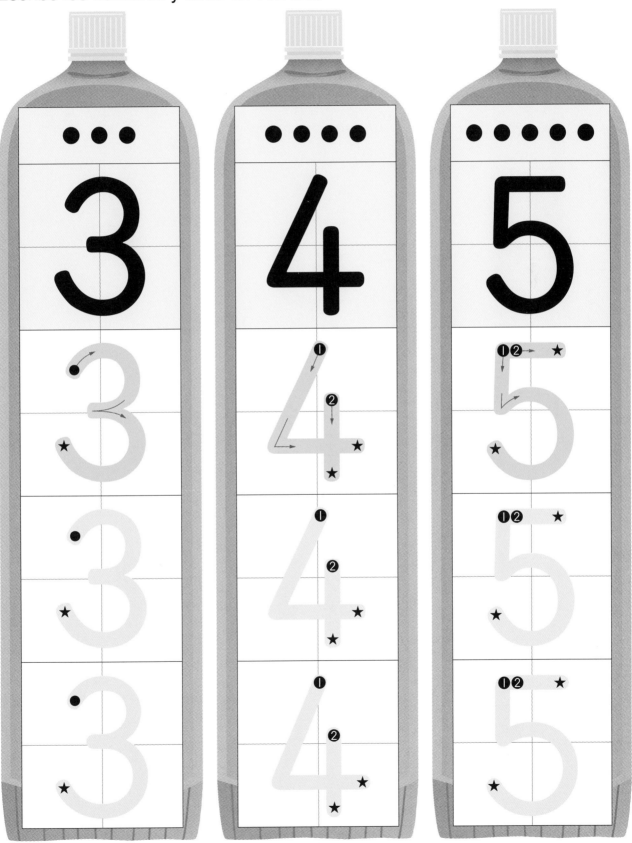

■ Escribe los números y dilos en voz alta.

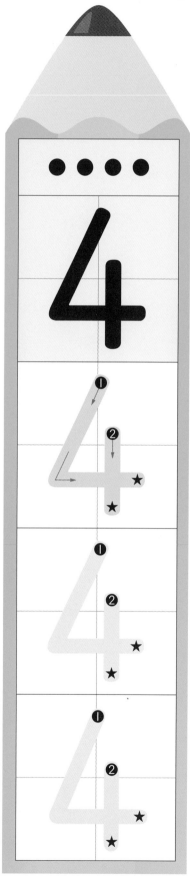
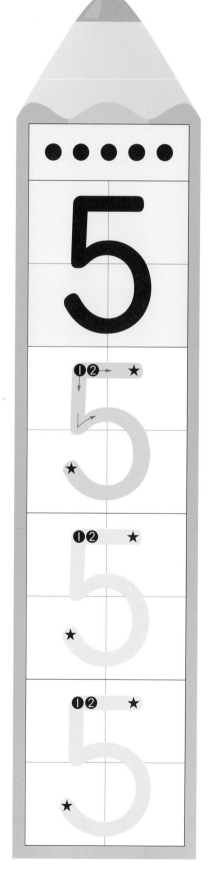
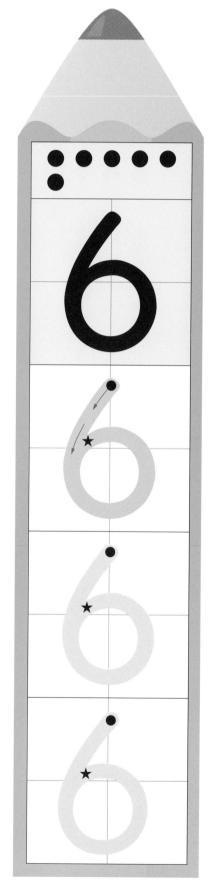

13 Escribiendo los números del 5 al 8

■ Escribe los números y dilos en voz alta.

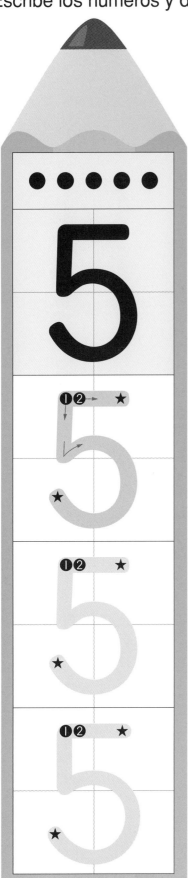

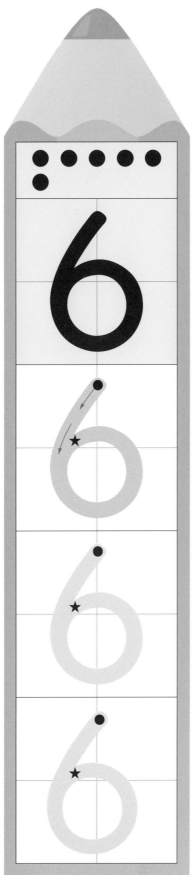

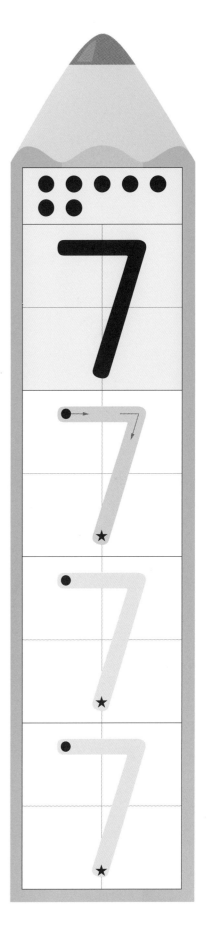

■ Escribe los números y dilos en voz alta.

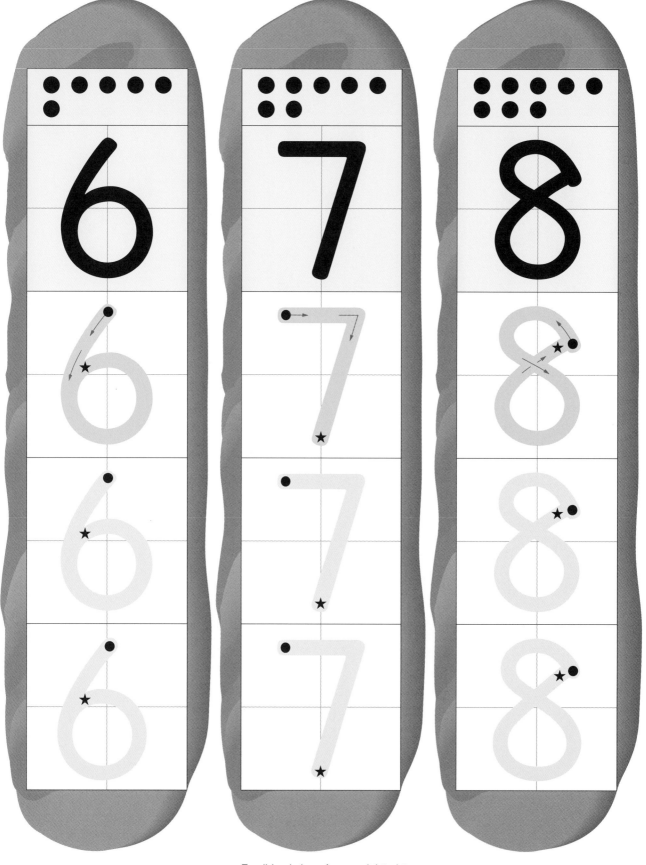

Escribiendo los números del 7 al 10

Nombre

Fecha

■ Escribe los números y dilos en voz alta.

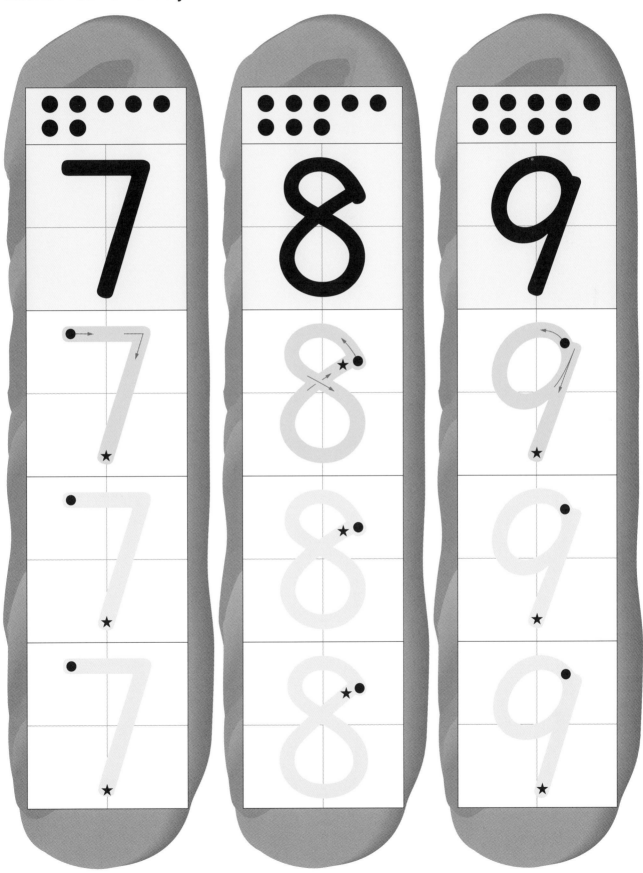

■ Escribe los números y dilos en voz alta.

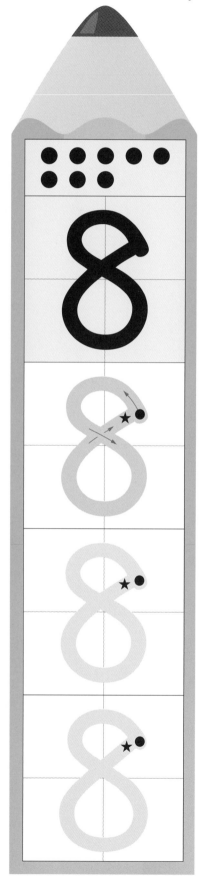
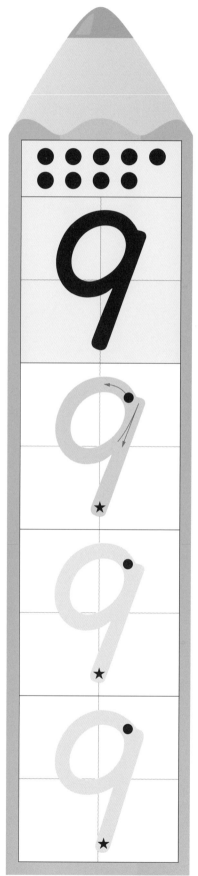
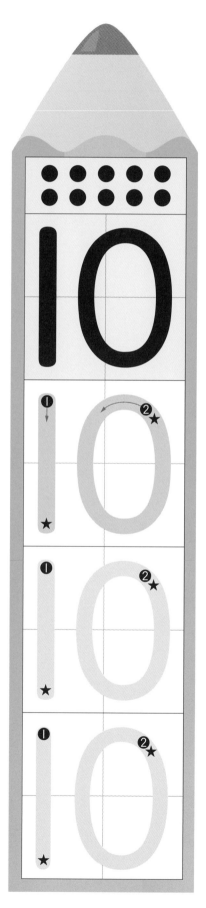

Escribiendo los números del 1 al 6

Nombre

Fecha

A los padres

A partir de esta página, el trazo se hace más estrecho y no se muestra el orden de los trazos. Asegúrese que su hijo(a) escriba los números 4 y 5 en el orden correcto de trazos.

■ Escribe los números y dilos en voz alta.

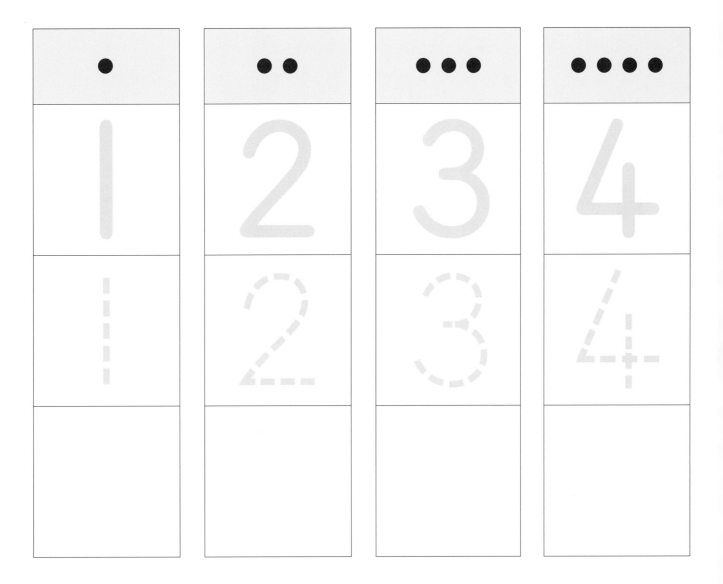

■ Escribe los números y dilos en voz alta.

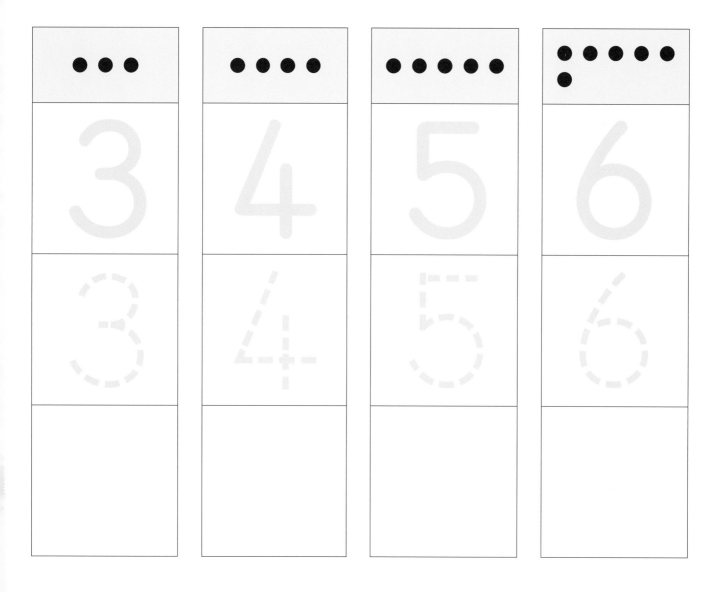

Nombre

Fecha

■ Escribe los números y dilos en voz alta.

■ Escribe los números y dilos en voz alta.

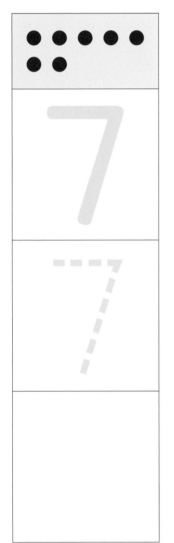
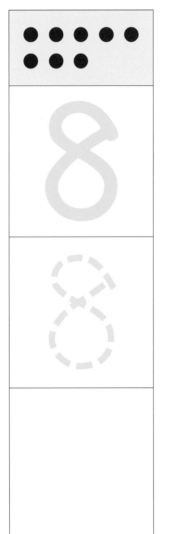
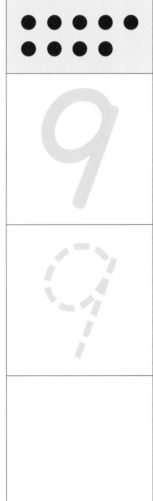

Nombre

Fecha

A los padres
Aparte de ser una secuencia, los números también representan cantidades. Es importante para el (la) niño(a) practicar contando en las actividades diarias.

■ ¿Cuántos hay?
Dibuja una línea desde cada figura hasta el número correspondiente.

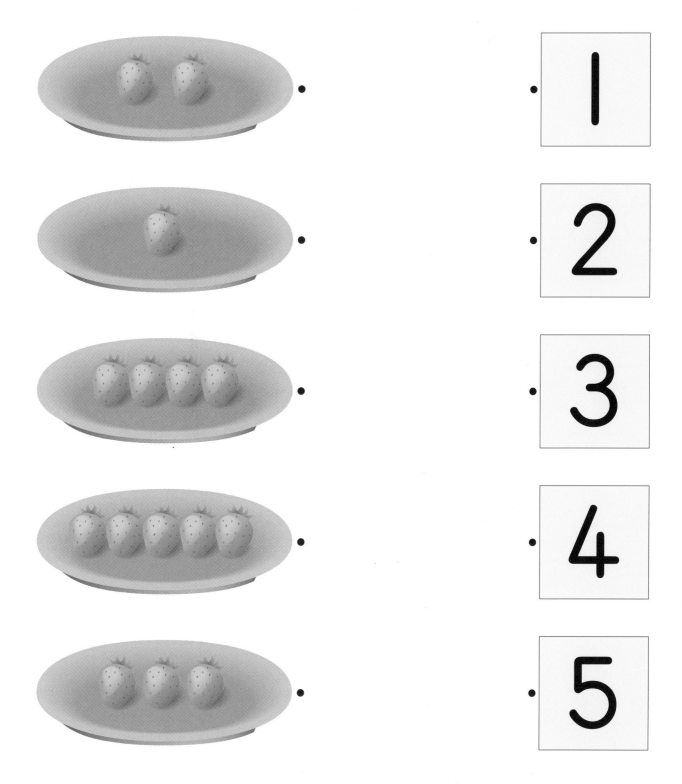

■ ¿Cuántos hay?
  Dibuja una línea desde los puntos (●) hasta el número correspondiente.

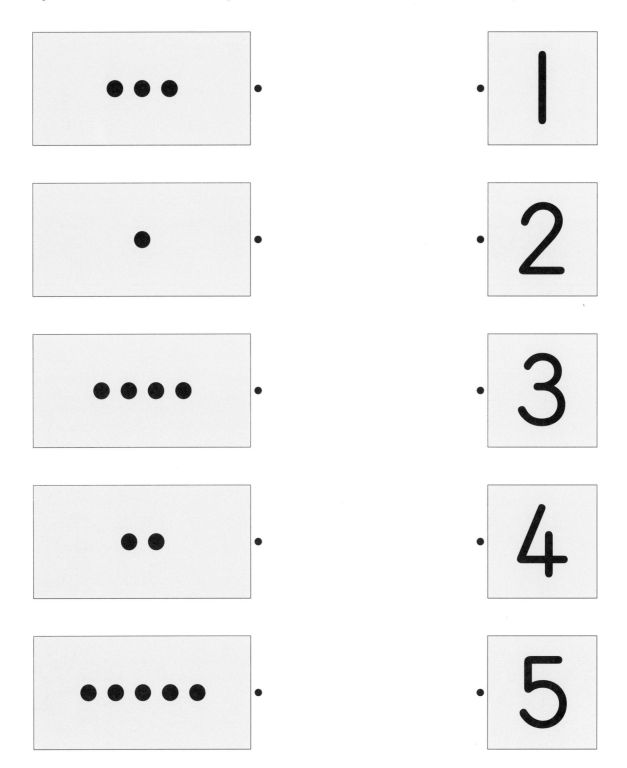

Nombre

Fecha

■ ¿Cuántos hay?
Dibuja una línea desde cada figura hasta el número correspondiente.

■ ¿Cuántos hay?
Dibuja una línea desde los puntos (●) hasta el número correspondiente.

 · · **6**

 · · **7**

 · · **8**

 · · **9**

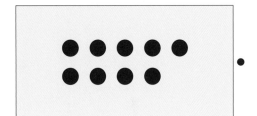 · · **10**

¿Cuántos? | al 10

Nombre

Fecha

A los padres
En primer lugar, pida a su hijo(a) que observe los objetos y
los cuente en voz alta. Luego pídale que trace los números.

■ ¿Cuántos hay?
Traza los números grises y llena los cuadros vacíos.

1	2	3	4	5

6	7	8	9	10

■ ¿Cuántos hay?

Dibuja una línea desde cada figura hasta el número correspondiente.

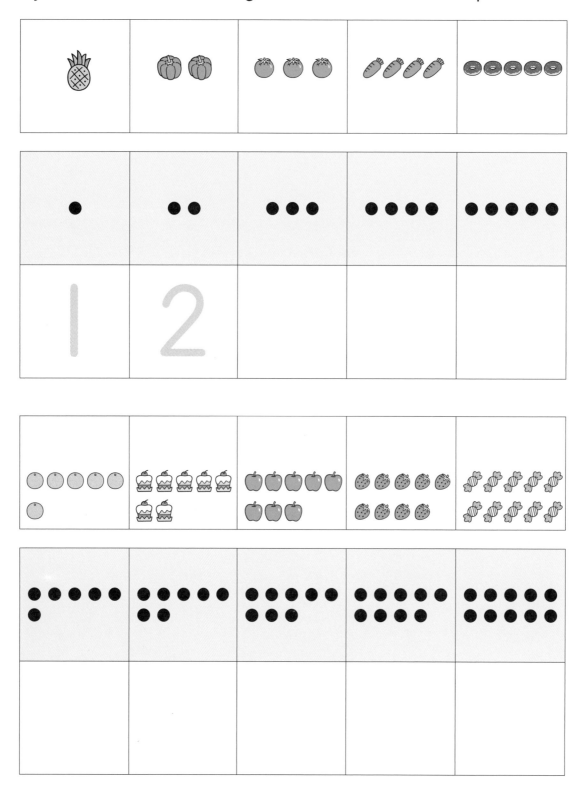

¿Cuántos? 1 al 10

■ ¿Cuántos puntos (●) hay? Escribe el número en cada cuadro.

●	●●	●●●	●●●●	●●●●●
1	2	3	4	5

●●●●● ●	●●●●● ●●	●●●●● ●●●	●●●●● ●●●●	●●●●● ●●●●●
6	7	8	9	10

●	●●	●●●	●●●●	●●●●●

●●●●● ●	●●●●● ●●	●●●●● ●●●	●●●●● ●●●●	●●●●● ●●●●●

■ ¿Cuántos hay?

●●●	●●●●●●	●	●●●●	●●

●●●● ●●●	●●●●● ●	●●●●● ●●●●	●●●●● ●●●●●	●●●●● ●●

●●●●●	●●	●●●	●	●●●●

●●●●● ●	●●●●● ●●●●	●●●●● ●●●	●●●●● ●●	●●●●● ●●●●

Números 1 al 20

Nombre

Fecha

A los padres
Felicite a su hijo(a) cuando escriba bien los números.

■ Traza los números grises.
Luego llena los números que faltan. Di cada número en voz alta.

1	2	3	4	5
6	7	8	9	10

1		3		5
	7		9	

	2		4	
6		8		10

■ Traza los números grises.
  Luego llena los números que faltan. Di cada número en voz alta.

1				5
		8		
11	12	13	14	15
16	17	18	19	20

1				
				10
11	12	13	14	15
16	17	18	19	20

Rompecabezas de números
I al 20
Casa

Nombre

Fecha

■ Dibuja una línea del I al 20 en orden mientras repites cada número en voz alta.

Globo aerostático

Dibuja una línea del 1 al 20 en orden mientras repites cada número en voz alta.

Rompecabezas de números
I al 20
¿Cuál está hacia abajo?

Nombre

Fecha

A los padres
Cuando su hijo(a) termine el ejercicio, hable con él o ella acerca de los objetos de la figura.

■ Dibuja una línea del I al 20 en orden mientras repites cada número en voz alta.

¿Qué está haciendo el mono?

■ Dibuja una línea del 1 al 20 en orden mientras repites cada número en voz alta.

Contando del 1 al 20

■ Dí los números en voz alta. Luego dibuja un círculo alrededor del 9, 10, y 11.

1	2	3	4	5
6	7	8	9	10
11	12	13	14	15
16	17	18	19	20

■ Dí los números en voz alta. Luego dibuja un círculo alrededor del 12, 13, y 14.

1	2	3	4	5
6	7	8	9	10
11	12	13	14	15
16	17	18	19	20

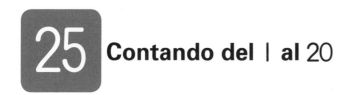

25 **Contando del 1 al 20**

Nombre

Fecha

■ Dí los números en voz alta. Luego dibuja un círculo alrededor del 15, 16, y 17.

1	2	3	4	5
6	7	8	9	10
11	12	13	14	15
16	17	18	19	20

■ Dí los números en voz alta. Luego dibuja un círculo alrededor del 18, 19, y 20.

1	2	3	4	5
6	7	8	9	10
11	12	13	14	15
16	17	18	19	20

Escribiendo los números del 11 al 20

Nombre

Fecha

A los padres
Dígale al niño lo siguiente: Del 11 al 19, el número en la parte de las "unidades" aumenta de a 1, pero el número en la parte de las "decenas" no cambia. Cuando al 19 se le agrega 1 y llega a 20, el número en las "decenas" cambia de 1 a 2, y el número en las "unidades" se vuelve cero.

■ Escribe los números y dilos en voz alta.

11 12 13 14 15

16 17 18 19 20

■ Escribe los números y dilos en voz alta.

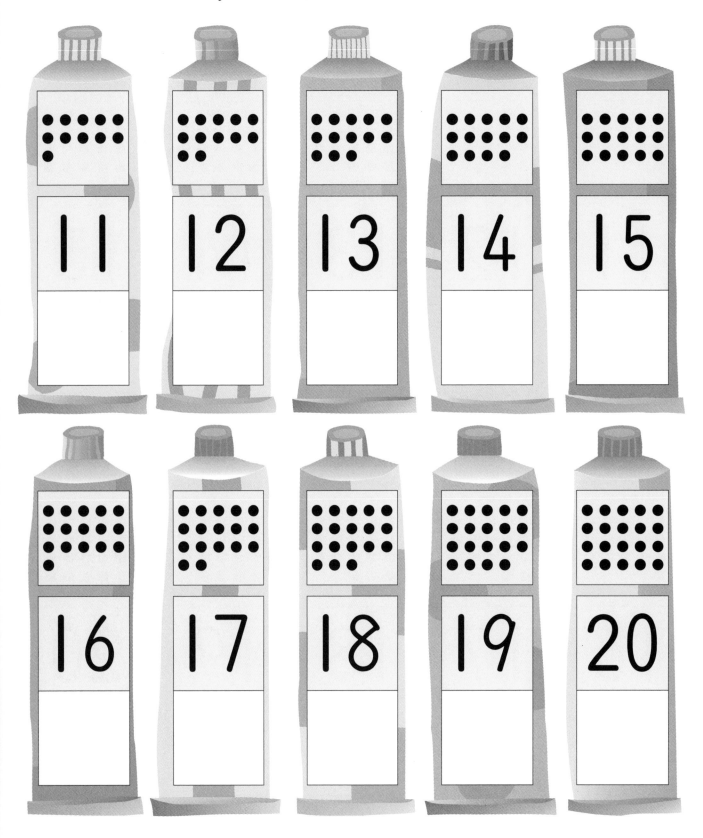

Nombre

Fecha

■ ¿Cuántos puntos (●) hay? Escribe el número en cada cuadro.

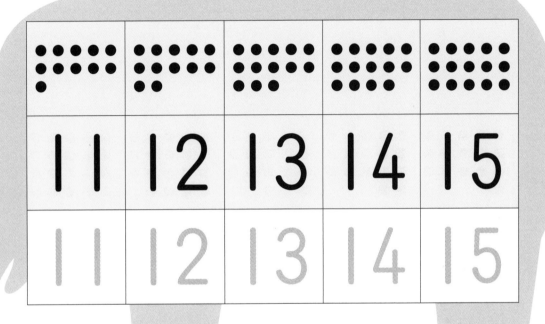

■ ¿Cuántos puntos (●) hay?
Traza los números grises y llena los cuadros vacíos.

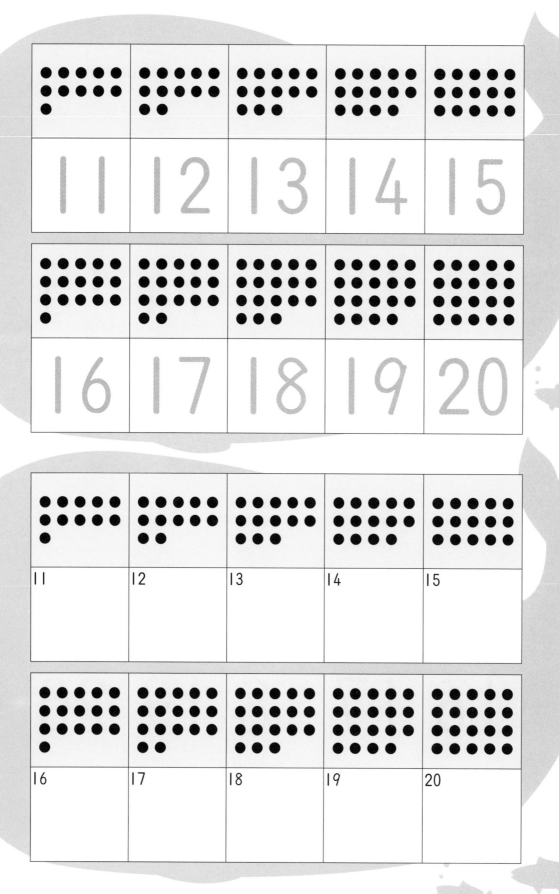

28 ¿Cuántos? 6 al 15

Nombre

Fecha

■ ¿Cuántos puntos (●) hay?
Traza los números grises y llena los cuadros vacíos.

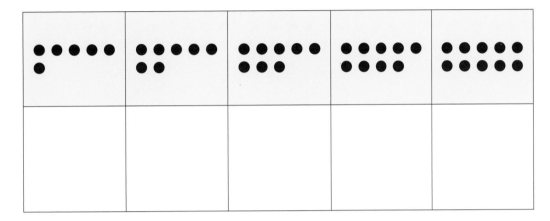

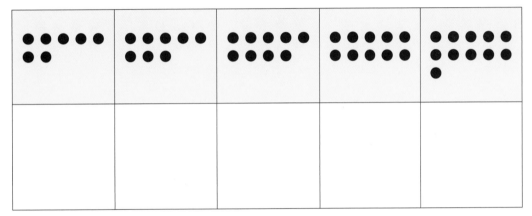

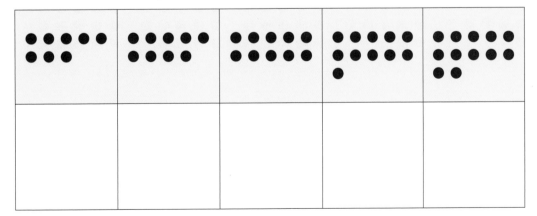

■ ¿Cuántos hay?

Dibuja una línea desde los puntos (●) hasta el número correspondiente.

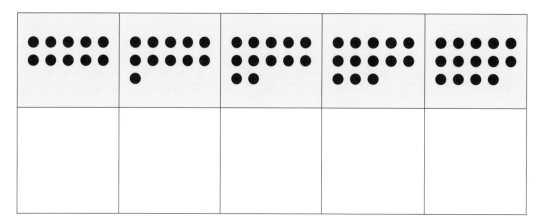

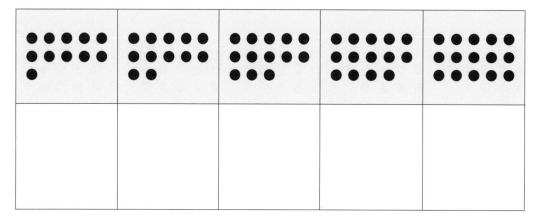

29 Números 11 al 30

Nombre

Fecha

■ Traza los números grises. Luego llena los números que faltan.
Di cada número en voz alta.

11	12	13	14	15
16	17	18	19	20

11		13		15
	17		19	

	12		14	
16		18		20

■ Traza los números grises y llena los números que faltan.
  Di cada número en voz alta.

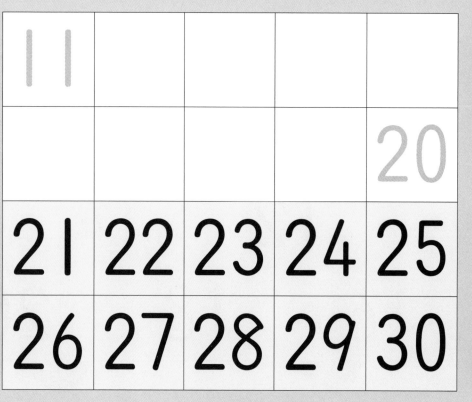

11				15
		18		
21	22	23	24	25
26	27	28	29	30

11				
				20
21	22	23	24	25
26	27	28	29	30

30 Rompecabezas de números I al 30 Cangrejo

Nombre

Fecha

■ Dibuja una línea del I al 30 en orden mientras repites cada número en voz alta.

León

■ Dibuja una línea del 1 al 30 en orden mientras repites cada número en voz alta.

Rompecabezas de números
I al 30
¡Almorcemos!

Nombre

Fecha

A los padres
Cuando su hijo(a) termine el ejercicio, hable con él o ella acerca de los objetos de la figura.

■ Dibuja una línea del I al 5 en orden mientras repites cada número en voz alta.

Caja de sorpresas

■Dibuja una línea del 1 al 30 en orden mientras repites cada número en voz alta.

Escribiendo los números del
21 **al** 30

Nombre

Fecha

A los padres
Pida a su hijo(a) que escriba los números del 21 al 30.
Haga el ejercicio con el (la) niño(a) si tiene dificultad.

■ Escribe los números y dilos en voz alta.

21	22	23	24	25
21	22	23	24	25

26	27	28	29	30
26	27	28	29	30

■ Escribe los números y dilos en voz alta.

21	22	23	24	25

26	27	28	29	30

33 Números 11 al 30

Nombre

Fecha

■ Traza los números grises. Luego llena los números que faltan.
Di cada número en voz alta.

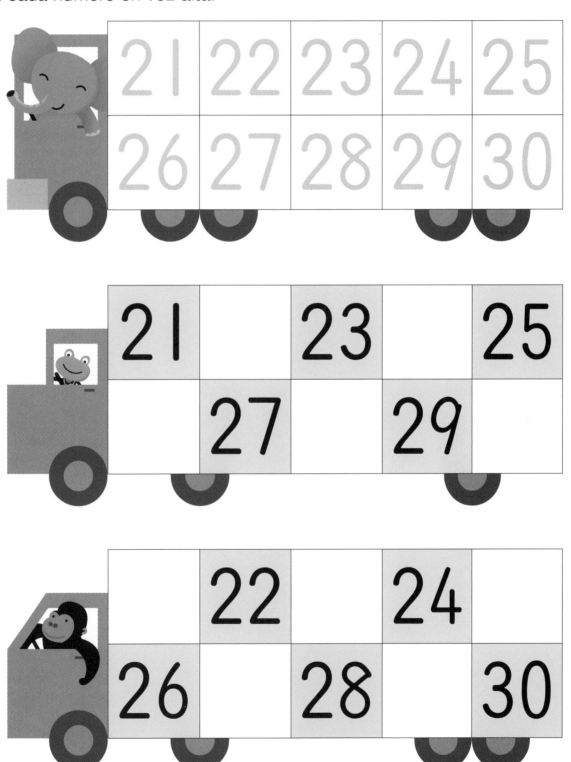

■ Traza los números grises y llena los números que faltan.
Di cada número en voz alta.

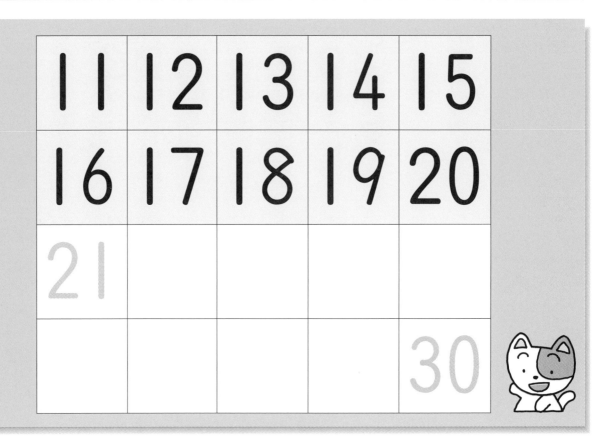

Repaso del I al I3

■ Traza los números grises. Luego llena los números que faltan.
Di cada número en voz alta.

■ Traza los números grises. Luego llena los números que faltan.
Di cada número en voz alta.

Nombre

Fecha

■ Traza los números grises. Luego llena los números que faltan.
 Di cada número en voz alta.

■ Traza los números grises. Luego llena los números que faltan.
Di cada número en voz alta.

Repaso del 19 al 30

■ Traza los números grises. Luego llena los números que faltan.
  Di cada número en voz alta.

■ Traza los números grises. Luego llena los números que faltan.
Di cada número en voz alta.

Nombre

Fecha

A los padres
Las siguientes páginas repasan los números del 1 al 30. Puede ser un reto para el (la) niño(a) terminar estos ejercicios. Para ayudar a fortalecer su confianza felicítelo(a) especialmente.

■ Llena los números que faltan. Di cada número en voz alta.

1	2	3	4	5
6	7	8	9	10
11	12	13	14	15
16	17	18	19	20
21	22	23	24	25
26	27	28	29	30

■ Llena los números que faltan. Di cada número en voz alta.

1	2	3	4	5
6	7	8	9	10
11	12	13	14	15
16	17	18	19	20
21	22	23	24	25
26	27	28	29	30

Nombre

Fecha

■ Llena los números que faltan. Di cada número en voz alta.

1		3		5
6		8		10
11		13		15
16		18		20
21		23		25
26		28		30

■ Llena los números que faltan. Di cada número en voz alta.

	2		4	
	7		9	
	12		14	
	17		19	
	22		24	
	27		29	

Repaso del 1 al 30

Nombre

Fecha

■ Llena los números que faltan. Di cada número en voz alta.

■ Llena los números que faltan. Di cada número en voz alta.

40 Repaso del 1 al 30

Nombre

Fecha

■ Escribe los números del 1 al 30. Di cada número en voz alta.

1

15

30

■ Escribe los números del 1 al 30. Di cada número en voz alta.

1				
				30

Ahora ya sabes como escribir y contar todos los números hasta el 30,

¡Felicidades!